温暖化の今・未来

著/保坂直紀（サイエンスライター・気象予報士）　編/こどもくらぶ

岩崎書店

巻頭特集

降水量の多い地域では、さらに降水量がふえる。

> 23ページ

クイズ Q 2〜5ページの写真のさらに大きく変化すると

非常に強い台風やハリケーンなどがふえる。

> 24ページ

Photo：ESA/NASA/Samantha Cristoforetti

降水量の少ない地域では、さらに降水量がへる。

> 23ページ

現象は、「あること」が進むといわれている。それは何？

海面の水位が上がり、海岸近くでくらす人に大きな影響が出る。

> 26ページ

出典：ロイター／アフロ　3

水温が高くなりすぎてサンゴが死んでしまう「白化」がおきる。
▶ 40ページ

A 答え 2〜5ページの現象は、地球温暖化か
関連する内容が ▶○○ページ にあるよ。

あたたかい地域にすむチョウが、より北の地域でくらせるようになる。
▶ 33ページ

巻頭特集

リンゴのおもな生産地は東北地方や中部地方だが、より北の地域で栽培が可能になる。

> 35ページ

進むとさらに大きく変化すると考えられている。

ブナの育つ地域が、日本では北海道だけになる。

> 33ページ

はじめに

今、地球温暖化が世界的な問題になっています。地球の気温が上がってきているのです。

気温が上がれば、あたたかくなってくらしやすくなるとはかぎりません。日本の夏はいっそうむしあつくなって、くらしにくくなる可能性があります。気温がかわるだけでなく、はげしい雨がふることも多くなり、災害がもっとたくさんおきるかもしれません。

地球温暖化により、海面の高さは上がると考えられています。小さな島は海の水をかぶり、もうそこでは生活できなくなるのではないかと心配されています。

地球温暖化をひきおこしているのは、わたしたちです。わたしたちは、便利な生活をするために、石油をもやして電気をつくったり、ガソリンをつかって自動車を走らせたりしています。そのとき出る排ガスに、二酸化炭素という気体がふくまれています。この二酸化炭素が大気のなかにふえ、それが原因で現在の地球温暖化がおきているのです。

わたしたちが日本で出している二酸化炭素は、日本でだけ温暖化をひきおこしているのではありません。地球全体の温暖化の原因になっています。ほかの国についても、同じことです。だからこそ、地球温暖化は、世界中で考えていかなければならない問題なのです。

わたしたちがこの問題を考えるとき、たよりになるのは、地球温暖化についての正確な知識です。地球温暖化は、どのようにしてお

きるのか。なぜ石油をもやすことが地球温暖化をひきおこすのか。将来も地球温暖化は進みつづけるのか。地球温暖化で、日びの天気はどうかわっていくのか。どうやって地球温暖化をふせいでいけばよいのか。

　今の日本の社会では、この先どのような世の中にしていくのかを、みんなで考えて決めています。一人ひとりが、自分の考え方に近い人を選挙でえらび、えらばれた人がみんなの代表として、これからの世の中を決めていくのです。

　ですから、地球温暖化についても、これからどうしていけばよいかを、一人ひとりが、きちんと考えられるようになってほしいのです。そのときに役立つ正確な知識をおつたえしたくて、この本を書きました。

第1巻では、今どれくらい地球温暖化が進んでいるのか、その原因となる二酸化炭素はどこからくるのかといった、現状の説明と地球温暖化のしくみについて書きました。

第2巻では、この先、地球温暖化はどれくらい進むのか、それにともない、どのようなことがおきるのかという、将来の予測と影響をあつかっています。

第3巻には、地球温暖化をふせぐとりくみについて書きました。

　みなさんの役に立つと思うことは、少しむずかしいことでもとりあげました。それを、できるだけわかりやすく書いたので、この本で学んだ知識をもとに、これからの地球のことを、ぜひいっしょに考えていきましょう。

サイエンスライター・気象予報士　**保坂直紀**

Photo：NASA／JPL／UCSD／JSC

もくじ

巻頭特集 ……………………………………………… 2

はじめに ……………………………………………… 6

この本のつかい方 ………………………………… 9

01 過去の気候変動 ………………………………… 10

02 世界の地球温暖化 ……………………………… 12

03 日本の地球温暖化 ……………………………… 14

04 地球温暖化の予測のしかた ………………… 16

05 地球の気温は100年で４℃上がる ………… 18

もっと知りたい　いろいろな予測が出る理由 …… 20

06 はげしい雨がふえる …………………………… 22

07 強い台風がふえる ……………………………… 24

08 海面が上昇する ………………………………… 26

09 日本への影響① ………………………………… 28

10 日本への影響② ………………………………… 30

11 生き物のすむ場所がかわる ………………… 32

12 農作物のとれる場所がかわる ……………… 34

13 海が酸性化する ………………………………… 36

14 海の酸性化と生き物 …………………………… 38

15 サンゴ礁の危機 ………………………………… 40

16 エルニーニョ …………………………………… 42

もっと知りたい　極端現象と地球温暖化 ……… 44

さくいん ……………………………………………… 46

この本のつかい方

この本は、見開きごとに1つのテーマを考えていくようになっています。

- この本のなかでのテーマごとの通し番号です。
- 各テーマのもっとも重要なポイントです。
- 見開きページのなかであつかっている内容を短く紹介しています。
- 文中で紫色になっていることばをくわしく解説しています。
- 本文に関連する写真や、理解を助ける図版をなるべく大きくのせています。
- 少しむずかしいことばなどを解説。このページの理解を助けます。

- 本文の内容を理解するために、知っておくとよい内容をとりあげています。

01 過去の気候変動

地球の気候は、昔から
あたたかい時期と寒い時期を
くりかえしてきました。
太陽と地球の位置関係の変化が、
その原因の1つと考えられています。

南極海からみた南極大陸。
南極大陸の標高は平均で約
2300mといわれている。

Photo：Julian Race (the National Science Foundation)

天気と気候

　天気は、「今日は晴れだ」「昨日は雨がふっていた」という具合に、毎日かわります。朝と夕方とでちがうこともあります。このように短い時間でかわる空もようを「天気」といいます。気象庁は、「快晴」「晴」「曇」「霧」「雨」「あられ」「雷」など、天気を15種類に分類しています。そのときの大気の状態を、わかりやすくひとことであらわしたものが天気です。

　これに対して、もっと長い期間の平均的な大気の状態を「気候」といいます。「東京の夏はむしあつい」「日本海側の冬は雪が多い」というように、昔からつづく、その地域の特徴をいいあらわしたものです。

　ただし、気候はまったく変化しないわけではありません。地球温暖化で、今、地球の平均気温は上がりつづけています。何十年という長い時間をかけて、地球の気候が少しずつかわってきているのです。昔の気候と今の気候はちがうのです。

気象庁　気象、火山活動、地震などを観測し、国民に向けて情報を発信する国の機関。国土交通省におかれている。

地球はあたたかくなったり寒くなったりしている

　地球の気候は、大昔からあたたかくなったり寒くなったりをくりかえしています。

　寒い地域や高い山につもった雪がかたまって氷になったものを「氷河」といいます。大陸のような広い地域をおおっている大規模な氷河を「氷床」といいます。

　地球上に氷床がある期間が「氷河時代」です。みなさんは、氷河時代は大昔に終わったと思うかもしれませんが、現在も、南極とグリーンランドに氷床があるので、氷河時代です。氷河時代のうちで、とくに寒くて氷床が広がっていく期間が「氷期」、あたたかめで氷床がとけて小さくなっていく期間が「間氷期」です。

　ここ100万年くらいの気候をみると、氷期がくると次に間氷期がきて、前回の氷期から10万年くらいすると、また氷期にもどっているという変化をくりかえしています。現在は、今から1万年くらい前にはじまった間氷期にあたります。

 ## 太陽からくる熱の量がかわる

　地球が氷期と間氷期をくりかえす原因として、地球と太陽との位置関係の変化があげられます。

　地球は太陽のまわりをまわっていますが、その軌道は円ではなく、わずかにゆがんだ「だ円」です。このゆがみ方が10万年くらいで変化します。また、地球はコマがまわるように「自転」していますが、自転するときのかたむき具合も4万年くらいの周期で変化します。

　このように、太陽に対する地球の位置がかわると、太陽から受ける熱の量も変化します。地球をあたためているもとは太陽からの熱ですから、それがかわれば気候も変化します。このように地球と太陽の位置関係がかわることでおきる氷期と間氷期のくりかえしを、「ミランコビッチ・サイクル」といいます。ミランコビッチは、この説を考えだした科学者の名前です。

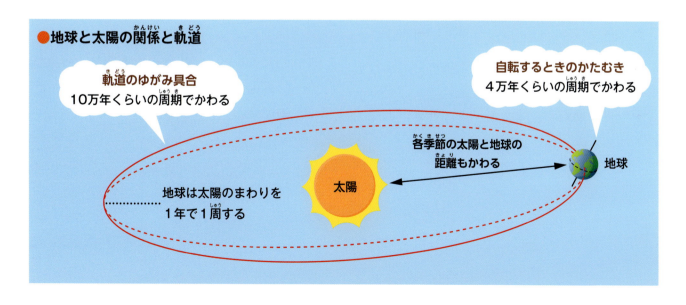

02 世界の地球温暖化

Photo : NASA/NOAA/GOES Project

地球は、北半球の高緯度を中心に気温が高くなってきています。海上より陸上のほうが、はやいペースで温暖化しています。

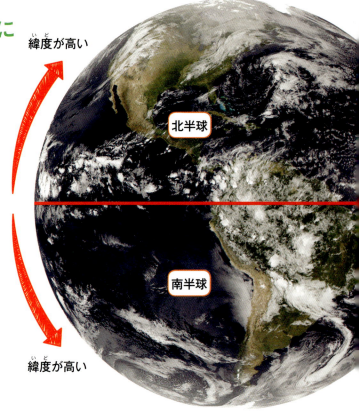

緯度が高い
北半球
南半球
緯度が高い

地球の気温は高くなってきた

ここ100年ほどをみると、地球全体の平均気温は上がってきています。

「気候変動に関する政府間パネル（IPCC）→P21」のまとめによると、1880年から2012年までの133年間に、地球全体を平均した地上気温は0.85℃も上がりました。100年あたり0.64℃のはやさで上がっているわけです。日本の気象庁は、1891年から2016年までのデータをつかって、100年あたりの上昇スピードを0.72℃と計算しています。気温の計算につかうデータのちがいで、このように数値がことなることがあります。

いずれにしても、地球が温暖化しているのは、たしかな事実です。わたしたちが化石燃料などをもやして出す二酸化炭素が、その原因だと考えられています。

➡ **化石燃料** 植物や動物の体が地中にうまってできた石炭や石油などのこと。

➡ **二酸化炭素** 「炭素」というつぶが1つと、「酸素」というつぶが2つ、むすびついてできている物質。CO_2ともいう。地球の大気に約0.04％ふくまれている。赤外線を吸収する性質があり、温室効果ガスの1つ。

北半球で気温の上がり方がはげしい

地球は、どこも同じはやさで温暖化しているわけではありません。

気象庁によると、100年あたり北半球は0.77℃、南半球は0.68℃のはやさです。北半球のほうが南半球より気温がはやく上がっています。これは、温暖化のスピードは海上よりも陸上のほうがはやく、陸地は南半球より北半球に多いからです。

とくに気温の上がり方がはげしいのは、北半球の高緯度です。ここ40年ほどをみると、ヨーロッパやアメリカの緯度の高い地域では、100年あたり2.5℃をこえるスピードで温暖化しています。

● 年平均気温の年ごとの差（世界）

資料：気象庁ホームページ

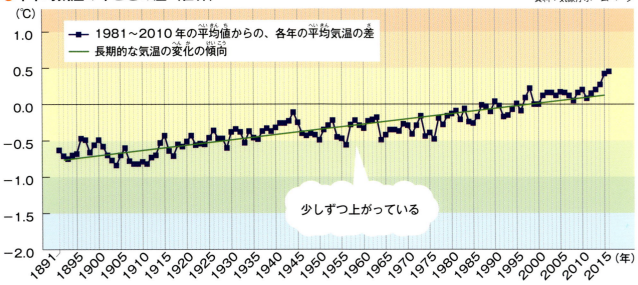

少しずつ上がっている

平均気温のもとめ方

　地上気温を地球全体で平均するには、次のように計算します。

　陸上の場合は、世界中に観測所があるので、そこではかった気温をつかいます。海上では、航行している船などがはかった海面の水温を、そこでの気温と考えます。海面のすぐ上の空気の温度は、だいたい海面の水温と同じだからです。

　こうしてはかった世界中の気温を平均します。ヨーロッパやアメリカなどにはたくさんの観測所がありますが、砂漠やジャングル、海上では観測点がないこともあります。昔は観測点が少なかったのですが、現在は、海もふくめて地球のほぼ全体の気温を平均できるようになっています。

　温度計をつかって気温を世界中できちんとはかるようになったのは、1850年ごろからです。ですから、地球の正確な平均気温を計算できるようになったのは、ここ100年あまりのことです。

気象庁でつかわれている電気式温度計。温度計自体は、通風筒でおおわれている。
写真提供：気象庁

水温などを計測する機器を海中へおろしているところ。
写真提供：気象庁

南極では、温度計が入った通風筒内に雪が入りこんでつまらないように、百葉箱のなかに入れられている。
写真提供：気象庁

03 日本の地球温暖化

日本では、地球温暖化が、世界よりもはやいペースで進んでいます。特別にあつい夏の「猛暑日」もふえています。

日本は世界よりはやく温暖化している

気象庁が1898年から2016年までの記録をまとめた結果によると、日本の平均気温は、100年あたり1.19℃の割合で上がっています。地球全体では100年あたり0.72℃くらいの割合なので、日本は世界平均よりはやいペースで温暖化していることになります。

日本の平均気温は、この100年ほどをみると、全体としては上がってきていますが、気温が高めだった時期と低めだった時期があります。1900年前後から1950年ごろまでは、気温が低めでした。1960年前後に気温は高めになったのですが、1965年ごろから1990年ごろまでは、また低めの気温になりました。

そして、1990年ごろから現在までは、気温の高い状態がつづいています。とくに2016年は、1年間の平均気温が1898年以降でもっとも高い年でした。気温の高い年は1990年以降に集中していて、2016年までの上位5年は、すべて1990年以降です。

●年平均気温の年ごとの差　　　　資料：気象庁ホームページ

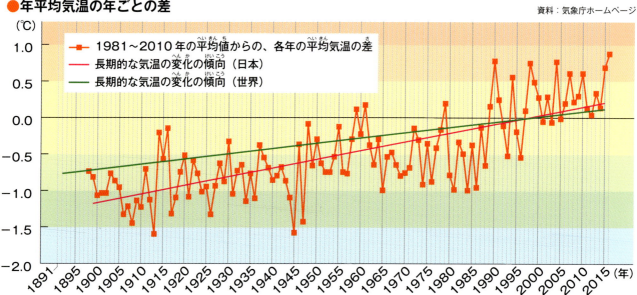

猛暑日であることをしめす気温掲示板。猛暑日ということばは2007年に気象庁で定められた。

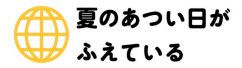 ## 夏のあつい日がふえている

日本の夏は、気温が非常に高い「猛暑日」がふえています。1日の最高気温が35℃以上になった日が猛暑日です。気象庁によると、1931年から2015年までに、10年あたり0.2日の割合で猛暑日がふえてきています。

一方で、1日の最高気温が30℃以上になる「真夏日」は、この期間でふえている傾向はみられません。日本のあつい夏は、いぜんとしてあついままなのですが、そのうち猛暑日で代表されるような特別にあつい日がふえているということです。

大きな都市のヒートアイランド現象

気象庁が日本の平均気温を計算するときにつかっているのは、北は北海道の網走から南は沖縄県の石垣島までの15の観測地点のデータです。東京や大阪などの大都市はふくまれていません。

それには理由があります。大都市の気温は、まわりより特別に高くなるからです。この現象を、「ヒートアイランド現象」といいます。「ヒート」は英語で熱、「アイランド」は島のことです。ちょうど気温の高い地域が、海にぽっかりうかんだ島のようにみえるため、こうよばれています。

大都市には、たくさんの人がすんで活動しています。自動車やエアコンをつかえば、余分な熱が発生します。道路をつくるためにアスファルトで土の地面をおおうと、土の水分が蒸発しにくくなります。液体の水は蒸発して気体になるとき熱をうばうので、それができなくなった分、熱は地面に取りのこされたままになります。ヒートアイランド現象は、こうした原因で発生します。

東京都のなかでもとくに多くの高層ビルが密集する新宿。

15

04 地球温暖化の予測のしかた

将来の地球の気候を知るためには、コンピューターをつかって気温の変化などを計算します。これをコンピューター・シミュレーションといいます。

 ## コンピューターで予測する

昔の気温は、観測した記録を調べればわかります。しかし、地球温暖化していった将来の気温がどうなるかは、それではわかりません。これは、毎日の天気予報でも同じことです。

将来の天気や気候は、コンピューターで計算して調べます。コンピューターは、何もしなくても勝手に計算をしてくれる便利な機械ではありません。どのような数式をつかってどうやって計算するかを、人間が命令しなければ動きません。ですから、天気や気候の研究者たちは、より正確な計算ができるように、いつも研究を重ねています。

2015年から気象庁でつかわれているスーパーコンピューター。
写真提供：気象庁

 ## 大気の動きなどをあらわす数式をとく

今、目の前に箱がおいてあるとします。これをおすと、箱は動きます。箱は力を加えられ、力が加えられた方向に動きだしたのです。力を加えつづければ、箱の動きはどんどんはやくなります。

大気も、これと同じです。ある場所の空気に、南から北の向きに力が加えられれば、その空気は北に動くよう加速されます。もしそれがあたたかい空気だったら、少し時間がたったとき、その場所の北側では気温が上がることになります。

空気は、力を加えておしちぢめることができます。力が加わった分、この空気のエネルギーはふえて、温度は上がります。逆に、ふくらめば温度は下がります。

このように、大気は、時間とともに、その姿を次つぎとかえていきます。大気が時間とともにどのように変化していくかは、すべて数式をつかってあらわすことができます。

大気の現象はとても複雑なので、いろいろな種類の数式がたくさん組みあわされています。海面の温度も大気に大きな影響をあたえるので、地球温暖化のように長い時間をかけて海水温も変化する現象を考えるときは、海の変化も計算しなければなりません。

🌐 地球の大気全体を、たくさんのマス目に区切る

　大気や海の動きなどをあらわす数式は、そのままだとコンピューターは計算できません。そこで、コンピューターが計算できるように、大気全体をたくさんのマス目に区切ります。たて、横、高さの3つの方向に切れ目を入れ、サイコロのような細かいかたまりに分けるのです。

　このサイコロの1つ1つを「空気のかたまり」と考えて、その空気がとなりの空気をどちらの方向におすのか、おされた空気はどのように動くのかといったことを計算します。このような計算を地球全体でおこないます。

　こうして、ある瞬間での大気のようすがわかったら、それをもとにして、少しだけ時間がたったときの状態を計算します。その結果をもとに、さらに先の計算をします。これを何度もくりかえして、明日の天気や将来の気候を計算します。

　このようにして、実際のデータが得られない現象を計算などで予測することを、「シミュレーション」といいます。

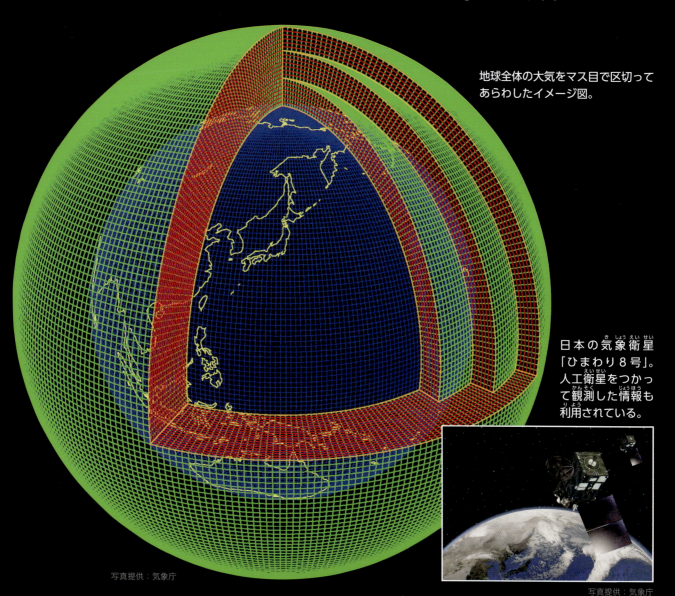

地球全体の大気をマス目で区切ってあらわしたイメージ図。

日本の気象衛星「ひまわり8号」。人工衛星をつかって観測した情報も利用されている。

写真提供：気象庁

05 地球の気温は 100年で4℃上がる

コンピューター・シミュレーションにより、地球の平均気温は、この先100年ほどで4℃くらい上がると予測されています。北極に近い地域で、気温が大きく上がります。

 「地球温暖化で気温が上がる」ことの意味

地球温暖化で気温が上がっていったとしても、世界の平均気温は高い年もあれば低い年もあるはずです。それは将来も現在も同じです。ですから、コンピューター・シミュレーションで計算した、たとえば「ちょうど西暦2100年の気温」には、あまり意味がありません。たまたま気温が高かったり低かったりするかもしれないからです。

そこで、地球温暖化による気温の上昇をシミュレーションした結果についていうとき、ふつうは2081年から2100年までの20年間の平均をつかいます。それが1986年から2005年までの20年間の平均にくらべてどれだけ高いかを考えます。

「今世紀末までのおよそ100年間で気温が○○℃上がる」「今世紀のあいだに気温は○○℃上がる」「2100年ごろには、気温は現在より○○℃上がる」などというのは、この気温差をさしています。

 二酸化炭素をこのまま出しつづけると……

もし、わたしたちがこのまま何の対策もとらず、二酸化炭素を出す量がふえつづければ、地球の平均気温は、21世紀末には現在より約4℃上がると予測されています。

もし、世界中が協力して、二酸化炭素を出す量を2020年ごろからへらし、さらに大気中の二酸化炭素をとりのぞいてへらしていくことができたとしても、21世紀末の平均気温は約1℃上がってしまいます。

将来の地球温暖化では、地球全体の気温が同じように上がるわけではありません。陸の気温のほうが、海より大きく上がります。また、もっとも大幅に気温が上がるのは、北極に近い高緯度の地域だとみられています。

北極の近くで気温が上がる理由

　地球は、太陽からの光であたためられています。ですが、太陽からきた光を、すべて吸収しているわけではありません。一部を反射してはねかえしています。
　晴れた日のスキー場は、ゴーグルやサングラスをつけなければ、まぶしくて目を開けていられないほどです。これは、雪が太陽の光を反射しているからです。土の地面がまぶしくないのは、地面が太陽からの光をあまり反射していないからです。
　北極に近い高緯度には、雪や氷でおおわれている地域が多くあります。地球温暖化で雪や氷がとけて土の地面が出てくると、それまで太陽の光のほとんどを反射していたのに、今度はよく吸収するようになります。そのため、このような地域では、地球温暖化による気温の上がり方が、とくにはげしくなります。

❶ 火力発電所では、石油や天然ガス、石炭などの化石燃料を大量につかって発電をおこなっている。これにより、多くの温室効果ガス（二酸化炭素）が出ている。
❷ 石油（ガソリン）を燃料とする自動車からは多くの温室効果ガスが出ている。
❸ 世界では、南アメリカやアフリカの中央部、東南アジアを中心に森林面積が大きくへっている。森林がへると、二酸化炭素を吸収し、ためておく力は弱くなる。

もっと知りたい
いろいろな予測が出る理由

地球温暖化でこの先どれくらい気温が上がるのかという点については、研究者によってちがいがあります。全体の考え方をまとめるための国際的なしくみもあります。

地球温暖化の予測にはいろいろある

今、進んでいる地球温暖化により、2100年ごろには、地球の平均気温が現在より4℃くらい高くなると予想されています。実は、この「4℃」という数字は、いろいろな研究グループが予測した結果を平均したものです。

新聞やテレビのニュースなどで、よく、「二酸化炭素が出る量をへらす対策をとらなければ、2100年ごろには地球の平均気温が最大で4.8℃上がる」といういい方をします。これは、正確には、「いろいろな研究グループが予測した結果、もっとも上がり方が小さいグループは2.6℃、上がり方が大きいグループは4.8℃で、平均すると3.7℃」という事実にもとづいています。「4℃くらい」とか「約4℃」というのは、この「3.7℃」の部分を表現しているわけです。

予測結果がさまざまな理由

気候という自然現象は、とても複雑です。大気の流れ1つをとっても、**高気圧**のような規模の大きな現象もあれば、ある場所に雲ができるような小さな現象もあります。それらを数式であらわそうとするとき、研究グループによって、やり方にちがいが出ます。

また、気候は、ある時点でのわずかなちがいが、しばらくすると大きなちがいにつながっていく性質をもっています。ちょっとしたちがいが、大きなちがいに拡大される可能性があるのです。

このような理由により、地球温暖化でどれくらい温度が上がるのかという予測について、いろいろな結果が出てきます。しかし、大切なのは、どの研究グループも、細かな点ではちがいがあっても、だいたいがにたような結果になっていることです。地球温暖化がこれからも進んでいくことだけは、科学的にたしかだということなのです。

高気圧 天気図をみたときに、まわりより気圧が高いところ。気圧とは、空気がまわりをおす力。

科学者の考え方をまとめる

　地球温暖化を世界の国ぐにが協力してふせぐには、科学者たちがどのような研究結果を出しているかをまとめる必要があります。そのための組織が、「気候変動に関する政府間パネル（IPCC）」です。国際連合のもとに、1988年にできました。世界中からえらばれた科学者が、それまでに発表されている結果を整理し、わかりやすい報告書として公表するのが仕事です。
　IPCCは、1990年に最初の第1次評価報告書をまとめ、一番新しい第5次評価報告書は、2014年にまとまりました。報告書の作成には、日本の科学者が何人も協力しています。
　評価報告書には、これまでに地球はどのように温暖化してきたか、これからどうなるか、そして温暖化の影響などがまとめられています。これをもとに、世界の国ぐにが温暖化防止に向けて話しあっていくことになります。

国際連合 世界の平和と、経済・社会の発展のために各国が協力することを目的につくられた組織。日本は1956年に加盟した。2016年末時点での加盟国は193か国。

クロアチアで開かれた、IPCCの第42回総会（2015年）に参加する研究者たち。総会は基本的に年に1回開かれ、さまざまな国の人が参加している。
（上）Photo by IISD/ENB (enb.iisd.org/climate/ipcc42/8oct.html)
（下）Photo by IISD/ENB (enb.iisd.org/climate/ipcc42/5oct.html)

タイはもともと雨の多い地域だが、2011年には台風の影響もあって、大規模な洪水が発生した。

06 はげしい雨がふえる

地球温暖化で、世界にふる雨の量はふえると予想されています。雨の強さもましていきます。しかし、降水量の少ない地域では、もっと少ししかふらなくなります。

大気中の水蒸気がふえる

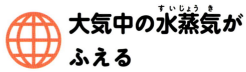

　この先、大気中の二酸化炭素があまりふえないように努力しても、21世紀末の世界の降水量は、地球温暖化の影響で、21世紀はじめにくらべて3.5％くらいふえると予測されています。大気があたたまり、今よりたくさんの水蒸気をふくむことができるようになるからです。

　大気にふくまれている水蒸気が、その大気がふくむことのできる水蒸気の最大量に対して何％にあたるかをあらわした数値を、「湿度」といいます。大気がふくむことのできる水蒸気の量は、温度が上がるほど多くなります。そのため、同じ「湿度60％」であっても、気温の高い場合のほうが、低い場合より水蒸気の量は多いことになります。

　地球温暖化が進んでも、湿度はあまりかわらないと考えられています。つまり、雨や雪のもとになる水蒸気の量はふえていることになります。地球温暖化で降水量がふえるのは、そのためです。

水蒸気　水は0℃以下では固体になり、100℃以上だとすべてが気体になる。固体の水を氷といい、気体になった水を水蒸気という。水は、100℃にならなくても水面から蒸発して、空気中の水蒸気になる。

●大気にふくまれる水蒸気量の最大量と気温の関係

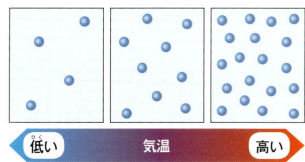

低い　　気温　　高い

降水量が多い地域では、さらに降水量がふえる

地球温暖化で降水量はふえますが、どこでも同じようにふえるわけではありません。今の降水量が多い地域ではますます降水量が増加し、降水量が少ない地域では、この先、降水量はへっていくと考えられています。

赤道の近くは、今でも降水量の多い地域ですが、将来の降水量は海でも陸でもふえるとみられています。このままわたしたちが二酸化炭素を出しつづければ、太平洋の赤道付近の海域では、5割くらい降水量がふえてしまうかもしれません。

反対に、砂漠が多くて降水量が少ないアフリカ大陸の北部や南部、南アメリカ大陸の北部、オーストラリアなどでは、降水量が1割以上もへってしまう可能性があります。地球全体が温暖化しても、海は陸よりあたたまりにくいので、その上の大気がふくむことができる水蒸気の量は、陸より少なめです。その大気が風で大陸に流されていくと、気温が高い陸の上を水蒸気の量が少ない大気がおおうことになり、雨がふりにくくなります。

また、現在はあまり降水量が多くない北極や南極に近い地域では、大気中の水蒸気がふえて、降水量は大幅にふえると考えられています。

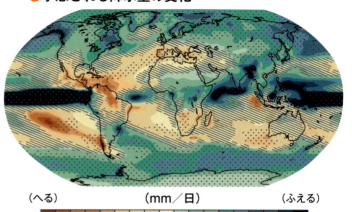

● 予想される降水量の変化

（へる） （mm／日） （ふえる）
−0.8 −0.6 −0.4 −0.2 0 0.2 0.4 0.6 0.8

出典：IPCC第5次評価報告書 第1作業部会報告書 技術要約（2013年、気象庁訳）

雨がはげしくなる

地球温暖化で、強い雨がふえていくと予想されています。強い雨がふりつづく例として、「連続した5日間にふる雨の量」を考えると、21世紀末までの約100年間で、その雨量が約2割ふえると考えられています。つまり、「何日もつづけてたくさん雨がふる」という現象がふえていくと予想されているのです。とくに熱帯地域や中緯度の大陸で、大雨の回数や強さがましていくと考えられています。

また、はげしい雨がよくふるようになる地域は、1年間の降水量がふえるところとはかぎりません。あまり雨がふらなくなる地域でも、たまにふるときははげしくふるということがありえます。

雨の少ない地域（左、写真はエジプト南東部）と、雨の多い地域（右、写真はインド北部）。温暖化が進めばその差はより大きくなる可能性が高い。

07 強い台風がふえる

地球温暖化で、台風などの熱帯低気圧は数が少なくなると予想されています。しかし、非常に強い熱帯低気圧は、逆にふえるとみられています。

熱帯低気圧のうず。うずの中心は「目」ともよばれ、直径は20〜200kmほどになる。
Photo：ESA/NASA/Samantha Cristoforetti

台風は熱帯低気圧のなかま

低気圧には2種類あります。

1つは、天気予報で「今日は日本列島のそばを低気圧が通るので、雨がふるでしょう」といっている低気圧です。わたしたちがくらす温帯に多い低気圧で、「温帯低気圧」とよばれています。日本列島の近くでは、ふつう西から東へ進みます。

もう1つは、「熱帯低気圧」とよばれる低気圧です。赤道に近い熱帯の海上で生まれます。熱帯低気圧が発達して風が強まり、東経100度から180度までの北太平洋で、風速が秒速17m以上になったものを「台風」といいます。熱帯低気圧が強くなったものには、台風のほか、北アメリカの太平洋沖や大西洋沖で生まれる「ハリケーン」や、インド洋や南太平洋の「トロピカル・サイクロン」があります。よび名はちがいますが、いずれも同じ熱帯低気圧です。

低気圧 天気図をみたときに、まわりより気圧が低いところ。気圧とは、空気がまわりをおす力。その力が弱い低気圧には、まわりから空気が流れこみ、まんなかでぶつかって上昇する。上昇すると雲ができ、雨がふりやすくなって天気が悪くなる。

● 台風などの発生場所と進路

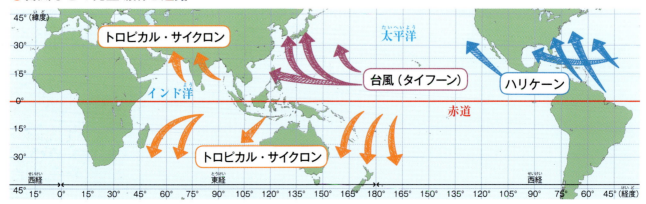

地球温暖化で熱帯低気圧は強くなる

地球温暖化が進むと、発生した熱帯低気圧は、今より強い台風やハリケーンなどに発達すると考えられています。

熱帯低気圧が発達するには、大気にたくさんの水蒸気がふくまれていることが必要です。水蒸気が上空でひやされて雲になるとき、それまでたくわえていた熱を外に出します。すると、その熱で大気があたたまって軽くなり、上昇します。上昇すると気温は下がるので、水蒸気がさらに雲になり、そのときに出した熱で大気はもっと上昇します。水蒸気をふくんだ大気が熱を出しながらどんどん上昇していくのです。これが、熱帯低気圧が発達するしくみです。

水蒸気は、熱帯低気圧を発達させる「燃料」のようなものです。ですから、地球温暖化で気温が上がって、たくさんの水蒸気が大気にふくまれるようになると（→P22）、熱帯低気圧は今より強く発達するようになるのです。

●台風を横からみたところ

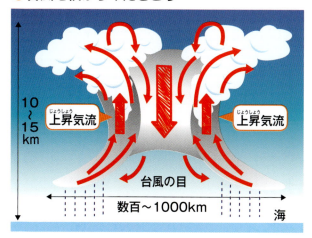

熱帯低気圧は生まれにくくなる

熱帯低気圧の数はへると予想されています。地球温暖化が進むと、地表に近いところより、少し高い上空のほうが、大きく気温が上がります。すると、大気はより「安定」して、上昇気流ができにくくなるのです。熱帯低気圧が発達するには、上昇気流が生まれることが必要です。強い上昇気流が生まれにくくなるので、熱帯低気圧の発生はへると考えられているのです。

つまり、地球温暖化が進むと、熱帯低気圧の数はへるけれど、いったん発生した熱帯低気圧は、今より強く発達しそうだということです。

安定な大気と不安定な大気

空気は、温度が高いと軽くなります。ですから、もしつめたい空気の上にあたたかい空気がのっかっていれば、重いものの上に軽いものがのっているわけですから、この空気は動きません。これを、「大気の安定な状態」といいます。

ところが、もし、逆にあたたかい空気の上につめたい空気がのっていれば、下にあるあたたかくて軽い空気は、上昇しようとします。そのままじっとはしていないのです。これを、「大気の不安定な状態」といいます。

08 海面が上昇する

21世紀末には、海面が今より60cmくらい高くなるかもしれません。海水があたたまってふくらむことと、陸の氷がとけて、その水が海に流れこむことが原因です。

写真：ロイター／アフロ

インド洋では海面上昇が進んでいて、沿岸地域では水没してしまったところもある。写真は、インドネシアのジャワ島にある村で、海水が家のなかにはいりこんでしまっている。

 現在も海面の水位は上がりつづけている

海面の水位は、地球全体の海を平均すると、1901年から2010年までに、1年あたり1.7mmのはやさで高くなっています。1993年から2010年までにかぎると、そのはやさは1年あたり3.2mmです。最近は、水位の上がり方がはやくなってきているのです。

地球温暖化の影響で、海面の水位は、21世紀末までに最大で60cmくらい上昇すると考えられています。もし、二酸化炭素をできるだけ出さないように努力しても、40cmくらいは上昇するとみられています。海岸に近い地域で生活している人たちに、大きな影響が出る可能性があります。

●世界の海面水位の変化

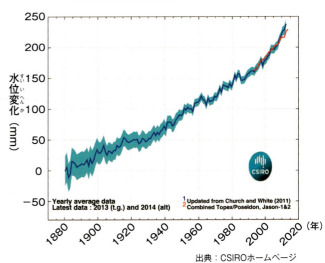

出典：CSIROホームページ

海水の温度が上がる

　地球温暖化で地上気温が上がれば、大気に接している海の水温も上がります。今のまま地球温暖化が進んでいくと、21世紀末までの100年間で、海面から水深100mまでの水温は2℃くらい上がると予想されています。二酸化炭素を出さないように努力しても、0.6℃くらいは上がりそうです。
　海水は、水温が高いほど体積がふえます。地球温暖化で海水温が上がることが、海面の水位が上昇する理由の1つです。

 ## 陸の氷がとけて海に流れこむ

　海面の水位が上がるもう1つの理由は、陸の氷がとけて海に流れこむことです。
　今、地球上には、陸地に氷河や氷床があります。地球温暖化で気温が上がると、これらの氷がとけて海に流れこみます。そのため、海面の水位が上がります。
　陸地の氷がとけて流れこむことによる海面水位の上昇は、海水の温度が上がってその体積がふえることによる上昇と同じくらいだと考えられています。

南極大陸では、約1兆トンといわれるほど巨大な棚氷（陸から海につきでた氷河）が分離し、海にうかぶ氷山となった（画像は2017年3月時点で、亀裂の入った状態を人工衛星から撮影したもの）。ただし、分離が地球温暖化の影響によるものかどうかはわかっていない。
Photo：NASA/USGS Landsat

北極の氷がとけても水面の高さはかわらない

　北極海は1年を通して氷でおおわれていますが、地球温暖化でこの氷もとけると考えられています。毎年一番氷の面積が小さくなる9月を考えると、このまま温暖化が進めば、2050年ごろまでには、すっかり氷がなくなってしまうとみられています。
　北極の氷がとけても、海面の水位は上がりません。南極の氷床は陸地の上にできたものですが、北極の氷は、水にういているからです。
　水にういた氷は、水から頭を少し出しています。この氷がとけて水になったときの量は、氷の水面から下の部分と同じです。水はこおると体積がふえて軽くなるので、その分だけ水の上に頭を出しているだけなのです。ですから、北極の氷がとけても水位はかわりません。

09 日本への影響①

日本の夏は、とてもあつい「猛暑日」が多くなりそうです。
寝苦しい「熱帯夜」もふえます。
冬の日本海側にふる雪は少なくなるとみられています。

 ## 日本への影響は気象庁がシミュレーションした

「気候変動に関する政府間パネル（IPCC）→P21」であつかっているコンピューター・シミュレーションは、おもに地球全体について温暖化の予測をしているため、日本のようなせまい地域でこの先どう気候がかわるかは、よくわかりません。そこで、気象庁は、地球温暖化が日本にあたえる影響をくわしく予測し、報告書にまとめています。それを、この見開きの「日本への影響①」と「日本への影響②（→P30）」であつかいます。

気象庁のシミュレーションでは、1980年から1999年までの20年間を平均した気候を「現在の気候」、2076年から2095年までの20年間を平均した気候を「将来の気候」とよんでいます。将来の気候が現在にくらべてどう変化するかは、ほぼ100年をへだてた、この2つの気候の差であらわしています。

28〜31ページでは、この先もどんどん二酸化炭素を出しつづけたときの予測をあつかいます。

 ## 日本の冬は5℃あたたかくなる

日本の将来の気温は、現在にくらべて全国平均で4.5℃上がると予想されています。春や夏よりも、秋や冬の気温が上がると考えられています。夏の気温は4.2℃上がると予想されているのに対し、冬の気温は5℃上がるとみられています。とくに北日本の太平洋側では、5.2℃も上がります。

日本列島の日本海側は、こまめな雪おろしの作業がかかせないほど多くの雪がふる地域。将来は雪おろしの必要がなくなるかもしれない。

猛暑日が大幅にふえる

1日の最高気温が35℃以上になった日を「猛暑日」といいます。夏の極端にあつい日です。この猛暑日が、地球温暖化で大きくふえると予想されています。

たとえば、沖縄県の那覇では、現在（1981年から2010年までの平均）の猛暑日は平均して0.1日です。つまり、猛暑日はほとんどないということです。それなのに、将来は54日も猛暑日がやってくるとみられています。

将来の猛暑日は、全国平均で現在にくらべて約19日ふえます。北日本では6日前後、東日本や西日本、沖縄・奄美では20日以上もふえる予想です。

1日の最高気温が30℃以上になる「真夏日」は全国平均で約49日ふえ、最高気温が25℃以上になる「夏日」は約58日ふえます。

夜になっても気温が25℃より低くならない「熱帯夜」は、全国平均で約41日ふえます。とくに沖縄・奄美では約91日もふえるとみられています。

那覇の中心街。

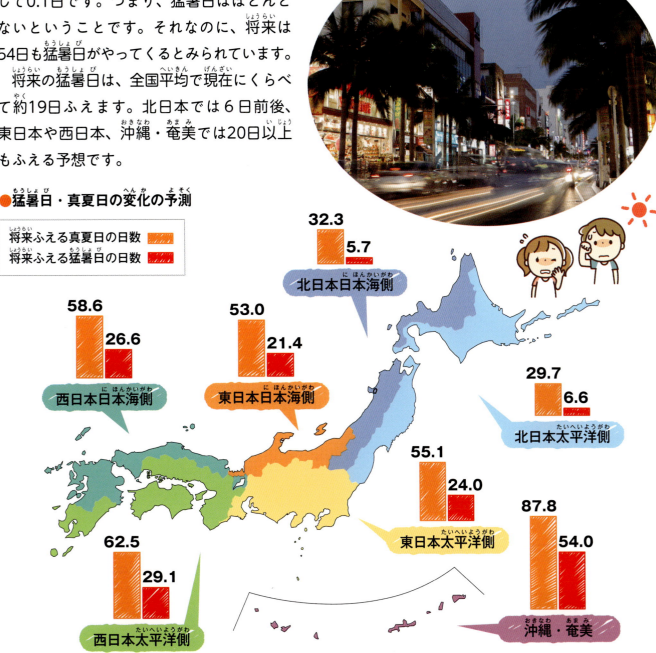

● 猛暑日・真夏日の変化の予測

将来ふえる真夏日の日数
将来ふえる猛暑日の日数

北日本日本海側 32.3 / 5.7
北日本太平洋側 29.7 / 6.6
西日本日本海側 58.6 / 26.6
東日本日本海側 53.0 / 21.4
東日本太平洋側 55.1 / 24.0
西日本太平洋側 62.5 / 29.1
沖縄・奄美 87.8 / 54.0

⑩ 日本への影響②

将来の雨のふり方は、現在よりもはげしくなりそうです。一方で、雨のふらない日もふえます。

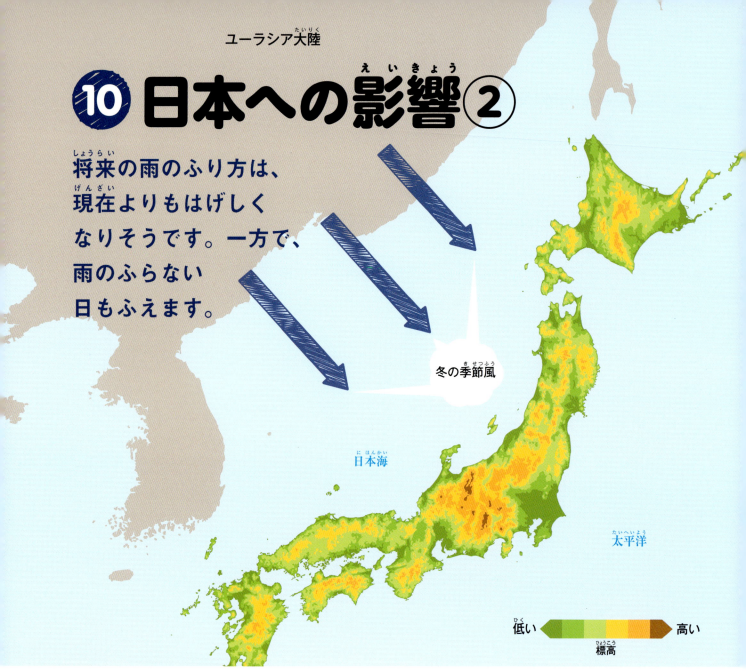

🌐 日本海側で冬の降水量がへる

将来は、東日本や西日本の日本海側で、冬の降水量がへるとみられています。

冬になると、ユーラシア大陸から日本に向かって、つめたい季節風が強くふきます。それが日本海の上を通ってくるあいだに、海から水蒸気をたっぷりもらいます。この風が日本列島の中央部にある山にぶつかり、日本海側にたくさんの雪をふらせます。

地球温暖化が進むと、季節風が弱まると予想されています。冬の降水量が日本海側でへるのは、それが原因です。

夏は、東日本や西日本の太平洋側で降水量がへる傾向が予想されています。夏の水不足が心配です。

📝 **季節風** 季節によって風向きがかわる大規模な風のこと。陸のほうが海よりあたたまりやすいので、太陽の光が強い夏は陸の温度が上がり、そこで大気は上昇する。それをおぎなうように、海から風がふいてくる。つまり、海から陸に向かって風がふく。冬は、海のほうがあたたかくなって、風の向きが逆になる。冬になると日本に北西からふいてくるつめたい風は、季節風の例だ。

🌐 はげしい雨がふえる

　雨の強さは、その雨が1時間ふりつづいたとき、地面にしみこんだり流れてしまったりしなければ、何mmの雨水がたまるかであらわします。1時間で10mmたまる強さの雨なら、「1時間あたり10ミリ」の強さです。これは、ザーザーぶりのやや強い雨です。

　「1時間あたり50ミリ」の雨といえば、滝のようにふりつづく非常にはげしい雨です。将来、このはげしさの雨が1年間に発生する回数は、現在にくらべて全国平均で2倍以上になると予想されています。

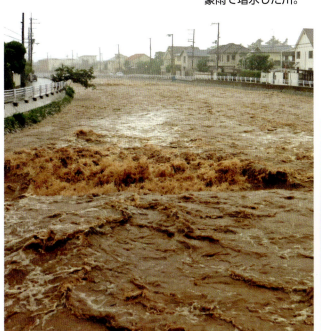

豪雨で増水した川。

🌐 雨のふらない日がふえる

　将来は、はげしい雨のふる回数がふえる一方で、雨のふらない日もふえるとみられています。雨のふらない「無降水日」は、全国平均で現在より年に8日ほどふえます。

　地球温暖化で気温が上がると、大気がふくむことのできる水蒸気の量はふえます。したがって、ふくむことのできるぎりぎりまで水蒸気がふえるのに時間がかかるようになり、無降水日がふえるのです。

　じつは、将来の降水量については、気温の変化ほどには正確にわかっていません。雨や雪は、比較的せまい地域ごとにおきる現象なので予測がむずかしく、しかも雨や雪のもとになる雲がどうできるかが、わかりにくいからです。

まとまった雨がふらず、ひびわれてしまった田んぼ。

台風の接近はへる？

　台風は、日本の降水量に大きく影響します。台風が日本に接近するかどうかは、どこで発生したかがポイントになります。

　現在、台風はフィリピン近くの海で一番たくさん発生しています。地球温暖化により、台風の発生する海域が東にずれ、日本に接近する台風は少なくなると予想されています。

31

⑪ 生き物のすむ場所がかわる

自然の生き物は、気温の変化に敏感です。
地球温暖化で気温が急に上がると、
その変化についていけず、
いなくなってしまう生き物も
いるかもしれません。

北極海沿岸には数種類のアザラシがくらしている。アザラシはホッキョクグマの重要なえさになっている。

気温の変化についていけない生き物も

生き物には、それぞれがくらすのに適した気温があります。ホッキョクグマやアザラシは寒いところにすみ、熱帯の森には、そこに適したサルたちがたくさんすんでいます。
地球温暖化が進めば、生き物たちは、自分たちがすみやすい気温のところに移動していくことになります。たとえば、今の場所があつくなりすぎたら、もっとすずしい場所にうつればよいわけです。

ところが、生き物たちが気温の変化においつけない場合もあります。たとえば、サルはすむ場所を、10年かけても、せいぜい20kmくらいしか移動できないと考えられています。
もし地球温暖化がこのまま進むと、平地だと、気温の高い地域は10年あたり70kmくらいのはやさで広がっていくかもしれません。そうなると、この気温の変化についていけない生き物がたくさん出てきます。数がへったり、絶滅してしまったりする可能性があります。

ホッキョクグマは北極海沿岸の地域や北極海にうかぶ氷の上を移動してくらしている。

昆虫が冬をこせるようになる

　虫たちにとって、冬を生きのびるのはたいへんです。気温が下がりすぎると死んでしまうからです。ですから、虫たちは、自分たちにとって冬が寒すぎる場所にはいません。

　ところが、地球温暖化が進むと冬の気温が上がり、それまでは寒くてすめなかったところにも、すめるようになります。北半球にある日本の場合は、北のほうが寒いので、地球温暖化で、南のほうにいた昆虫が、だんだん北に広がっていくことになります。

　カメムシやアゲハチョウなどで、すでにその例が報告されています。

ナガサキアゲハは、もともと沖縄県や九州に分布しているチョウだったが、年ねん分布域が北上し、現在は関東地方でもみられるようになっている。

イネの穂についたカメムシ。カメムシは農作物の汁をすってだめにしてしまう害虫だといわれている。

病気をはこぶ蚊も北に向かう

ヒトスジシマカ。

　2014年に東京で、何人もの人がデング熱という病気にかかりました。デング熱は、日本よりあつい東南アジアにいるネッタイシマカという蚊がはこぶ病気です。人間が蚊にさされてこの病気にかかると、死んでしまうこともあります。日本にすでにいるヒトスジシマカも、デング熱をはこびます。2014年にデング熱にかかった人たちは、都内の公園でヒトスジシマカにさされたのではないかといわれています。

　ヒトスジシマカは、1年間の平均気温が11℃以上の地域にすみつきます。地球温暖化で、東北地方の全域、そして北海道にもすみつくようになるとみられています。この蚊がいるからといって、かならずデング熱が流行するわけではありませんが、その危険性がますということです。

ブナの森が消える

　ブナは、日本の林を代表する、高さ30mにもなる木です。ブナが育つ気候は、東日本の日本海側を中心に、北海道南部から九州まで全国に広がっています。

　ところが、このまま地球温暖化が進むと、今世紀の終わりころには、ブナが育つことのできる地域が、北海道以外ではほとんどなくなってしまうとみられています。

白神山地（青森県・秋田県）に広がるブナ林。

世界では温暖化の影響でトウモロコシの不作や品質の低下が問題になっている。写真はヨーロッパ南部セルビアでの様子。
写真：AP／アフロ

12 農作物のとれる場所がかわる

米やミカンなどを収穫できる地域も、地球温暖化でかわるとみられています。海の魚がとれる場所もかわるかもしれません。

世界の食糧不足が心配

　米や小麦、トウモロコシなど、世界の人たちが主食にしている作物は、地球温暖化で収量がへるとみられています。

　米や小麦、トウモロコシなどは、熱帯や温帯など、もともとあたたかいところで育つ作物です。地球温暖化が進んで気温が高くなりすぎたり、雨のふる場所がかわったりして、とくに2050年以降になるとじゅうぶんに育たなくなるとみられています。これまで寒かったところでは、地球温暖化で農作物がよく育つようになる場合もあります。

　今、世界の人口はふえつづけています。それなのに、小麦などの主食になる作物がへってしまうのです。世界の食糧不足が心配されています。

日本の米は北にうつる

　日本の米については、今より北の地域で収穫がふえると予想されています。2060年代に現在より気温が全国平均で3℃上がるとすれば、北海道では収量が13％ふえ、東北地方やそれより南では、8〜15％へるという研究結果もあります。

　すでに進んでいる地球温暖化で、米つぶが白くにごったり割れたりする被害が報告されています。高温に強い新しい種類の米をつくるこころみは、すでにはじまっています。

高温に強い品種として開発された「にこまる」（左）と、西日本で多く栽培されている「ヒノヒカリ」（右）。「ヒノヒカリ」は高温には弱く、生育が落ちるとされている。
写真提供：農研機構九州沖縄農業研究センター

ミカンもリンゴも とれる地域がかわる

　日本で生産されているミカンの代表ともいえるウンシュウミカンは、1年間の平均気温が15〜18℃の地域で育ちます。現在は、東海地方から九州にかけての海岸ぞいのあたたかい地域で育てられています。

　2060年代に平均気温が3℃上がると、西日本の内陸や、関東から東北地方南部の海岸ぞいまで、ウンシュウミカンを育てられる地域が広がります。逆に、今育てている地域の気温は上がり、ちょうどよい気候からはずれてしまいます。

　リンゴについても、東北地方や中部地方などに広がっている栽培に適した地域はせまくなり、今は南部でリンゴを栽培している北海道は、その全域でリンゴをつくれるようになるとみられています。

山形県では「温暖化プロジェクト」として、スダチやウンシュウミカンの試験栽培をおこなっている。写真はスダチ。
写真提供：山形県庄内総合支庁農業技術普及課産地研究室

リンゴの品種の1つ「つがる」は、青森県の生産量がもっとも多いが、北海道での生産もふえている。

海の魚にも影響する

　地球温暖化で海水の温度も上がるので、魚がとれる場所もかわります。

　秋にとれるサンマは、現在は三陸沖から千葉県沖にかけて漁場が広がっていますが、100年後（2100年ごろ）に水温が約3℃上がるとすると、漁場は北海道から東北南部にかけての沖合に北上します。千葉県沖では、サンマはとれなくなるかもしれません。

　ヒラメは、現在は北海道から九州までの海でとれていますが、地球温暖化で夏の水温が上がるため、東北地方より北でなければとれなくなる可能性があります。

　海の魚については、現在でも、年によってたくさんとれたり少なかったりするほか、水温だけでなく海流の変化なども考えに入れなければならないので、予測はむずかしいといわれています。

千葉県の銚子漁港でのサンマの水あげのようす。水あげ量は国内1位をほこる。

13 海が酸性化する

二酸化炭素が大気中にふえると、その二酸化炭素が海水にとけて、海の「酸性化」とよばれる現象がおきます。

 ## 酸性とアルカリ性

料理につかう酢をなめると、すっぱい味がします。レモンも、すっぱい味です。すっぱい味がするものには共通の性質があります。酢には酢酸という「酸」が入っています。レモンにはクエン酸という「酸」がふくまれています。いずれにも「酸」が入っているのです。

このようなすっぱい性質を「酸性」といいます。酸性をしめす物質が酸です。酸には、ほかに、塩酸、硫酸、炭酸、乳酸などがあります。酸性の水溶液を青いリトマス紙につけると赤くなります。

理科の実験でつかう水酸化ナトリウムのうすい水溶液を赤いリトマス紙につけると、色が青くかわります。この性質が「アルカリ性」です。水にとけたとき、アルカリ性をしめす物質を「アルカリ」といいます。アルカリには、ほかに、水酸化カリウム、水酸化カルシウム、アンモニアなどがあります。

水溶液に酸とアルカリを同じ量だけとかすと、両方がくっついておたがいの性質を打ちけしあい、水溶液は酸性でもアルカリ性でもない状態になります。この状態を「中性」といいます。

 ## 海の水はアルカリ性

海水を蒸発させると、白いかたまりがのこります。そのほとんどが塩です。海水1リットルに35gくらいの塩がとけています。

塩をとかした水は中性ですが、海水には、塩のほかに、豆腐をつくるときにつかう「にがり」の成分などもふくまれていて、ややアルカリ性になっています。

▶ **水溶液** 物質がとけている水のこと。液体に何か物質がとけているとき、その液体全体を「溶液」という。とけている物質が「溶質」、とかしている液体が「溶媒」で、溶媒が水の場合が水溶液だ。

●いろいろな水溶液の性質

＊水素イオン指数。「ピーエイチ」または「ペーハー」とよむ。0〜14までの値で、酸性、アルカリ性の強さをあらわす。7が中性。

写真：WESTEND61／アフロ

酸性雨の影響でかれてしまったドイツの森。ドイツでは1980年代に酸性雨による環境破壊が大きな社会問題となった。

 ## 海のアルカリ性が弱まる「酸性化」

　気体の二酸化炭素が水にとけると、その水は酸性になります。雨には、大気中の二酸化炭素がとけているので、やや酸性になっています。工場のけむりなどにふくまれている物質がまじって酸性が強くなった雨を、「酸性雨」といいます。

　大気中の二酸化炭素がふえてくると、海にとける二酸化炭素も多くなります。その二酸化炭素が海のアルカリ性を打ちけすので、海水は中性に少し近づきます。これが海の「酸性化」とよばれる現象です。海水がすっぱい酸性になってしまうわけではありません。

　海の酸性化はすでにおきています。この先、二酸化炭素が出る量をできるだけ少なくしても、海の酸性化は進むと考えられています。

37

アメリカの西海岸でみつかった貝。もともと透明だが、海の酸性化によって殻に白いすじが入り、とけはじめていると考えられている。

credit : NOAA

⑭ 海の酸性化と生き物

海が酸性化すると、海中の生き物にも悪い影響が出るとみられています。貝やウニなどが殻をつくれなくなるのです。

殻をつくる材料が足りなくなる

　海には、貝やウニのように、「炭酸カルシウム」という物質でできた殻をもつ生き物がいます。
　炭酸カルシウムの殻をつくるには、海にじゅうぶんな「炭酸」と「カルシウム」がとけていなければなりません。ところが、大気中にふえた二酸化炭素が海にとけこむと、海水の「炭酸」がへってしまいます。その結果、貝やウニが殻をつくりにくくなってしまうのです。
　つめたい北極海や海水がわきあがる一部の海域では酸性化が進みやすく、2020年ごろまでに、殻をつくれない生き物が出はじめると考えられています。南極大陸のまわりの海でも、2045年ごろまでに同じことがおきるとみられています。

酸性化の影響は実験でたしかめられている

今のところ、海の酸性化で殻をつくれない生き物がたくさんみつかっているという報告はありません。しかし、酸性化で実際にウニが育ちにくくなることが、実験でたしかめられています。

ウニは外側にかたい殻をもっていますが、生まれたときからこの形をしているのではありません。ホンナガウニというウニは、生まれてまもない小さなころは、プランクトンとして海をただよっています。そのあいだに、炭酸カルシウムでできた2本の角をのばします。ところが、ウニを育てている海水にたくさんの二酸化炭素をとかしこむと、この角がうまくのびなくなってしまうのです。

いろいろな二酸化炭素濃度で飼育した、生まれてまもないホンナガウニ。現在の二酸化炭素濃度（❶）、その約7倍（❷）、約30倍（❸）。濃度が上がるほど育ちにくくなる。
出典：Journal of Oceanography 2004 Vol.60, No.4
写真提供：琉球大学　栗原晴子

ホンナガウニの成体。
写真提供：理科教材データベース（岐阜聖徳学園大学）

北極海や海水のわきあがる海域が酸性化しやすい理由

海の酸性化は、どこでも同じように進むのではなく、とくに酸性化しやすい場所があります。

1つは、海水がつめたい北極海などです。二酸化炭素は、水温が低いほど海水にたくさんとけるので、地球の大気全体に同じように二酸化炭素がふえても、北極海などでは先に酸性化が進むのです。

もう1つは、海の深いところから水がわきあがってくるところです。海の生き物が死ぬと、その体はしずみながら微生物によって分解されます。そのとき、二酸化炭素が発生します。二酸化炭素を多くふくむこの水がわきあがってくると、貝やウニなどがいるあさいところで酸性化が進みます。

川から海に真水が流れこんでいるところも、生き物への影響が出やすいとみられています。海の水が真水でうすまっていて、殻をつくる材料になる「炭酸」や「カルシウム」がもともと少ないからです。

15 サンゴ礁の危機

日本のまわりの海にも、たくさんのサンゴがいます。
ですが、大気中の二酸化炭素がふえると、サンゴが育つ海は
日本からなくなってしまうかもしれません。

たくさんの生き物が集まるサンゴ礁

サンゴは、熱帯などのあたたかいあさい海にすむ動物です。イソギンチャクのようにやわらかい体の動物ですが、サンゴのなかまには、石のようなかたい土台をつくり、その上にくっついて生活する種類もいます。たくさんのサンゴが集まって、海底に新しい地形をつくったようになることもあります。こうしてサンゴがつくった地形を、サンゴ礁といいます。

サンゴ礁には、魚をはじめ、たくさんの生き物が集まってきます。あたたかい海は、水温の低い海にくらべて栄養分が少なく、生き物も少ないのがふつうですが、サンゴ礁はちがいます。いろいろな生き物でにぎわう、いきいきとした美しい場所です。

日本のまわりの海にも、サンゴはいます。九州や沖縄などのあたたかい海はもちろん、千葉県や新潟県などでもみつかっています。日本は熱帯の国ではありませんが、そのわりにはサンゴの多いところです。サンゴの種類が多いフィリピンやインドネシアなどの近くから黒潮が流れてきていることなどが、その理由です。

> 黒潮　日本列島の南の沖を北向きに流れる強い海流。黒潮付近の海面は水温が高い。

サンゴは高い水温が苦手

サンゴはあたたかい海の生き物ですが、水温が高すぎると死んでしまいます。夏の水温が30℃をこえるところでは、生きていけません。

地球温暖化が進むと、九州や四国の海は夏の水温が高くなりすぎて、2070年代にはサンゴがすめなくなるという予測もあります。

沖縄県宮古島付近の海。サンゴが死んでしまう「白化」が進んでいる。
写真：古見きゅう／アフロ

サンゴがすめる海が日本からなくなる

　地球温暖化で日本のサンゴが南の海にすめなくなれば、もう少し北の海にうつればよいと思うかもしれませんが、そうはならない可能性があります。海の酸性化が進むからです。

　サンゴがつくる石のようなかたい土台は、炭酸カルシウムでできています。二酸化炭素がたくさん海にとけると、炭酸カルシウムはできにくくなってしまうのです。これでは、サンゴ礁をつくるサンゴは生きていけません。

　海の酸性化は、水温の低い海で先に進むと考えられています。つまり、北の海で強まった酸性化が、しだいに南に広がってくるのです。

　将来、日本のサンゴは、南の海では水温が高くてすめなくなり、北の海では酸性化のためにすめなくなる可能性があります。サンゴのすめない環境が、南からも北からもやってきます。水温の変化と酸性化の影響を両方とも考えると、2030年代には、サンゴが育つ海は日本のまわりからなくなってしまうという研究結果もあります。

　サンゴ礁は、サンゴをふくむいろいろな生き物が助けあって生きている場所です。サンゴが死んで石のような土台だけのこっても、たくさんの生き物が集まるサンゴ礁ではなくなってしまいます。

16 エルニーニョ

太平洋の赤道近くで海面の水温がふだんとかわる「エルニーニョ」や「ラニーニャ」は、地球温暖化が進んだ将来でも、世界の気象に影響をあたえるとみられています。

エルニーニョとラニーニャ

水は空気よりたくさんの熱をためこむことができるので、海の水温がかわれば、大気にも大きな影響がおよびます。海水温がふだんとちがう状態になる現象に、太平洋の「エルニーニョ」と「ラニーニャ」があります。

エルニーニョもラニーニャも、太平洋の赤道にそった海域でおきる現象です。この赤道ぞいの海面水温は、インドネシアやフィリピンなどに近い西のほうで高く、南アメリカ大陸に近い東のほうで低いのがふつうです。

インドネシアやフィリピンのあたりは、世界的にみても海水温の高いところですが、エルニーニョがおきると、この海域の水温が少し下がります。その分、南アメリカ大陸に近い東のほうで水温が上がります。つまり、西の高い水温と東の低い水温の差が小さくなります。

ラニーニャは、その逆です。もともと水温が高い西のほうで、水温がもっと上がり、東のほうでは下がります。西と東の差が大きくなるのです。

● 太平洋を中心とした地域の気象のちがい

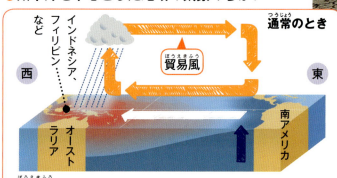

通常のとき
貿易風*があたたかい水を西へはこび、東ではつめたい水がわきあがる。

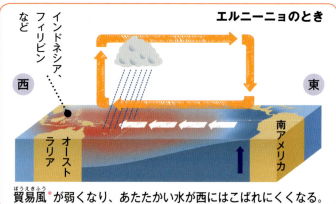

エルニーニョのとき
貿易風*が弱くなり、あたたかい水が西にはこばれにくくなる。

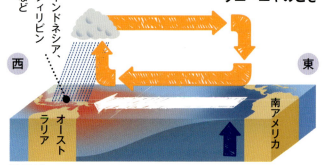

ラニーニャのとき
貿易風*が強くなり、あたたかい水が西へはこばれやすく、東ではつめたい水がたくさんわきあがる。

＊地球規模でめぐっている風のうち、中緯度から赤道にかけてふく東よりの風。

2015年、エルニーニョの影響で、東南アジアでは大規模な干ばつがおきた。写真はひあがってしまったフィリピンの養殖池。

世界中の気象に影響する

海面の水温が高いところでは、その上の大気があたためられて、さかんに上昇します。大気が上昇するところでは雲ができやすく、雨もふりやすくなります。上昇した大気は、そこからはなれたところにおりてきます。エルニーニョやラニーニャのときは、海面の水温がふだんとちがっているので、こうした大気の動きが生まれる場所もかわってきます。それが地球全体につたわって、世界の気象に影響をあたえます。

たとえば、エルニーニョが発生しているときは、アメリカの西部や東部で夏がすずしくなったり、カナダの西部であたたかい冬がきたりします。ラニーニャのときは、ヨーロッパの東部で夏があつくなったり、アメリカの南部やメキシコのあたりで冬の雨が少なくなったりします。

日本の場合は、エルニーニョのときは、夏から秋にかけて気温が低く、冬はあたたかくなる傾向があります。ラニーニャのときは、エルニーニョのときとは反対に、夏から秋にかけて気温が高く、冬は寒くなります。

将来も気象への影響はつづく

地球温暖化が進んでも、エルニーニョやラニーニャが世界の気象に大きな影響をあたえつづけることに、かわりはないと考えられています。雨がたくさんふったり、あまりふらなかったりするふり方の差は、温暖化のため大きくなるとみられています。

ただし、このようなエルニーニョやラニーニャの影響は、年によるちがいも大きく、温暖化が進んだ将来の地球のどの地域で、どのような変化がおきるのかは、よくわかっていません。

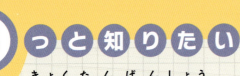

もっと知りたい
極端現象と地球温暖化

猛暑やはげしい雨などの「極端現象」がふえています。これが地球温暖化のせいなのかどうかを調べる研究も、進んできました。

「異常」とまではいえない「極端」な現象

強い台風がたてつづけにやってきて大きな災害を引きおこしたり、夏なのに気温が上がらず野菜がよく育たなかったりすると、新聞やテレビなどでは、これを「異常気象」としてニュースにすることがあります。

この「異常気象」ということばは、科学の世界ではべつの意味でつかわれています。せいぜい30年に1度くらいしかおきないような、とてもまれな現象をさしているのです。

ですから、たとえば、これくらい気温の低い夏は、一昨年もそうだったし、10年前にもあったし、そういえば昔からときどきあったというならば、これは異常気象とはいいません。みなさんが「プールにも入れないような、こんなにすずしい夏は異常だ」と思っても、科学的には「異常ではなくて、ふつうのことです」ということになります。

そこで、最近は、「極端現象（極端気象）」ということばがつかわれるようになってきました。30年に1度というほどめずらしくなくても、ふだんの気候からかなり外れている現象のことです。新聞やテレビなどが「異常気象」という場合、この「極端現象」に近い意味でつかっていることが多いようです。社会に大きな被害をもたらすような豪雨や台風、あつすぎる夏やすずしすぎる夏などが、極端現象の例です。

日本でも極端現象はふえている

気象庁によると、1日の最高気温が30℃以上になる「真夏日」は、1931年から2015年までの全国データをみるかぎりふえてきてはいませんが、35℃以上になる「猛暑日」は、ふえています。極端な気温はふえているのです。

降水量についても、1日に100mm以上の雨がふった日、200mm以上の雨がふった日がふえてきています。たとえば、東京で1か月にふる雨の量は、台風による雨が多い9月、10月でも、それぞれ約200mmです。1日に200mmといえば、その1か月分が1日でふってしまうのですから、たいへんはげしい雨です。このような極端な降雨がふえているわけです。

日本の川は、南アメリカのアマゾン川や北アメリカのミシシッピ川などの大きな川にくらべると、細くて短く、傾斜も急になっています。そのため、一度にたくさんの雨がふると、水かさが急にましやすい性質があります。極端にはげしい雨がふえ、災害がおきやすくなることが心配されます。

2017年7月の九州北部豪雨では、記録的な集中豪雨も観測された。
写真：陸上自衛隊ホームページより引用

わたしたちが極端現象をつくっている

「気候変動に関する政府間パネル（IPCC）→P21」の報告書には、世界中で極端現象がふえているのは、わたしたちが二酸化炭素をたくさん出して地球温暖化をまねいたからだと書かれています。極端現象の例として、ほとんどの陸地で寒い日や寒い夜がへり、あつい日やあつい夜がふえていること、急に高温になること、極端に海面が高くなることなどがあげられています。

本当に地球温暖化のせいなのか？

夏に猛暑日がつづいたり、豪雨で大きな災害がおきたりすると、「これは地球温暖化のせいなのだろうか」と思うことがよくあります。しかし、気温や降水量、風などは、毎日、変化しています。ですから、「何月何日のあの猛暑は、地球温暖化のせいなのか」という質問には、答えることができません。地球温暖化していなくても、たまたまその日が猛暑日になる可能性もあるからです。

ですが、このような極端現象が地球温暖化のせいで発生しやすくなっているのかどうかは、考えることができます。そのためには、まず現在の天候をコンピューターでシミュレーションします。次に、二酸化炭素による現在の地球温暖化がないと仮定してシミュレーションします。この両方を比較すれば、現在の気候に対する地球温暖化の影響がわかるわけです。

もし、地球温暖化していない場合と現在の気候とで猛暑日の数がかわらなければ、現在の猛暑日に地球温暖化は影響していないということになります。もし現在のほうが多ければ、猛暑日は地球温暖化によってふえているといえるのです。

さくいん

あ行

アゲハチョウ ……………………… 33

アザラシ …………………………… 32

異常気象 …………………………… 44

ウンシュウミカン ………………… 35

エルニーニョ ………………… 42, 43

温室効果ガス ……………………… 12

か行

海面の水位 ………………… 3, 26, 27

海流 ………………………………… 35

化石燃料 …………………………… 12

カメムシ …………………………… 33

間氷期 ……………………………… 11

気候 …………… 10, 11, 16, 17, 20, 28, 33, 35, 44, 45

気候変動に関する政府間パネル（IPCC） ………………… 12, 21, 28, 45

気象庁 ……… 10, 12, 14, 15, 28, 44

季節風 ……………………………… 30

極端現象 ………………………… 44, 45

黒潮 ………………………………… 40

高気圧 …………………………… 20

降水量 … 2, 3, 22, 23, 30, 31, 44, 45

国際連合 …………………………… 21

小麦 ………………………………… 34

米 …………………………………… 34

コンピューター・シミュレーション ………………………… 16, 18, 28

さ行

サル ………………………………… 32

サンゴ …………………………… 4, 40, 41

酸性雨 ……………………………… 37

酸性化 ………… 36, 37, 38, 39, 41

酸素 ………………………………… 12

サンマ ……………………………… 35

湿度 ………………………………… 22

水蒸気 ………… 22, 23, 25, 30, 31

水溶液 ……………………………… 36

石炭 ………………………………… 12

石油 ………………………………… 12

た行

大気 …… 10, 12, 16, 17, 18, 20, 22, 23, 25, 27, 30, 31, 36, 37, 38, 40, 42, 43

台風 ·············· 2, 24, 25, 31, 44

炭素 ·················· 12

地球温暖化（温暖化） ······· 4, 10, 12, 14, 16, 18, 19, 20, 21, 22, 23, 24, 25, 26, 27, 28, 29, 30, 31, 32, 33, 34, 35, 40, 41, 42, 43, 44, 45

地上気温 ··········· 12, 13, 27

低気圧 ·················· 24

天気 ············· 10, 16, 17

トウモロコシ ·············· 34

トロピカル・サイクロン ······ 24

な行

夏日 ·················· 29

南極 ·············· 11, 23, 27

南極大陸 ················ 38

二酸化炭素 ······· 12, 18, 20, 22, 23, 26, 27, 28, 36, 37, 38, 39, 40, 41, 45

ネッタイシマカ ············· 33

熱帯低気圧 ············ 24, 25

熱帯夜 ··············· 28, 29

は行

白化 ·················· 4

ハリケーン ·········· 2, 24, 25

ヒートアイランド現象 ········· 15

ヒトスジシマカ ············· 33

氷河 ··············· 11, 27

氷河時代 ················ 11

氷期 ·················· 11

氷床 ··············· 11, 27

ヒラメ ·················· 35

ブナ ················· 5, 33

北極 ··········· 18, 19, 23, 27

北極海 ············ 27, 38, 39

ホッキョクグマ ············· 32

ホンナガウニ ·············· 39

ま行・ら行

真夏日 ············ 15, 29, 44

ミランコビッチ・サイクル ······ 11

無降水日 ················ 31

猛暑日 ······ 14, 15, 28, 29, 44, 45

ラニーニャ ············ 42, 43

リンゴ ················ 5, 35

47

■著
保坂 直紀（ほさか なおき）
サイエンスライター。東京大学理学部地球物理学科卒。同大大学院で海洋物理学を専攻。博士課程を中退し、1985年に読売新聞社入社。科学報道の研究により、2010年に東京工業大学で博士（学術）を取得。2013年に読売新聞社を早期退職し、2017年まで東京大学海洋アライアンス上席主幹研究員。著書に『これは異常気象なのか？』（岩崎書店）、『海まるごと大研究』『謎解き・海洋と大気の物理』『謎解き・津波と波浪の物理』『子どもの疑問からはじまる宇宙の謎解き』（いずれも講談社）、『図解雑学 異常気象』（ナツメ社）など。気象予報士。

■編集・デザイン
こどもくらぶ（木矢恵梨子、矢野瑛子）
こどもくらぶは、あそび・教育・福祉の分野で、子どもに関する書籍を企画・編集しているエヌ・アンド・エス企画編集室の愛称。図書館用書籍として、年間100タイトル以上を企画・編集している。主な作品は、『知ろう！ 防ごう！ 自然災害』全3巻、『世界にほこる日本の先端科学技術』全4巻、『和の食文化 長く伝えよう！ 世界に広めよう！』全4巻（いずれも岩崎書店）など多数。
http://www.imajinsha.co.jp/

■制作
（株）エヌ・アンド・エス企画

■写真協力
© b44022101, © Gorilla,
© hperry,
© Richard Carey - Fotolia.com
© Amr Hassanein,
© Jamiliamarini,
© Manit Larpluechai,
© Samrat35 ¦ Dreamstime.com
© Anesthesia, © Flatpit / PIXTA

■参考資料
気象庁「地球温暖化予測情報・第9巻」（2017年）

この本の情報は、2017年8月までに調べたものです。今後変更になる可能性がありますので、ご了承ください。

やさしく解説 地球温暖化 ②温暖化の今・未来　　　NDC451

2017年11月30日　　第1刷発行
2020年 8月31日　　第4刷発行
著　　　保坂直紀
編　　　こどもくらぶ
発行者　岩崎弘明　　　　編集担当　鹿島 篤（岩崎書店）
発行所　株式会社 岩崎書店　〒112-0005　東京都文京区水道1-9-2
　　　　　　　　　　　　　電話　03-3813-5526（編集）　03-3812-9131（営業）
　　　　　　　　　　　　　振替　00170-5-96822
印刷所　株式会社 光陽メディア
製本所　株式会社 若林製本工場

©2017 Naoki HOSAKA　　　　　　　　　　　　　　　　　　　　　48p 29cm×22cm
Published by IWASAKI Publishing Co., Ltd. Printed in Japan.　　　ISBN978-4-265-08584-2
岩崎書店ホームページ　http://www.iwasakishoten.co.jp
ご意見、ご感想をお寄せ下さい。E-mail　info@iwasakishoten.co.jp
落丁本、乱丁本は送料小社負担でおとりかえいたします。
本書のコピー、スキャン、デジタル化等の無断複製は著作権法上での例外を除き禁じられています。本書を代行業者等の第三者に依頼してスキャンやデジタル化することは、たとえ個人や家庭内での利用であっても一切認められておりません。朗読や読み聞かせ動画の無断での配信も著作権法で禁じられています。
ご利用を希望される場合には、著作物利用の申請が必要となりますのでご注意ください。
「岩崎書店　著作物の利用について」https://www.iwasakishoten.co.jp/news/n10454.html

やさしく解説 地球温暖化

著／保坂直紀（サイエンスライター・気象予報士）
編／こどもくらぶ

全3巻

1 温暖化、どうしておきる？
2 温暖化の今・未来
3 温暖化はとめられる？